LA

MENTHE POIVRÉE

L'auteur, domicilié à Paris, rue Neuve-des-Mathurins, 95, a fondé et exploite à Sens (Yonne), rue Allix 70, une distillerie de Menthe; ses produits ont obtenu :

En 1859, une médaille d'argent de la Société impériale et centrale d'horticulture, à Paris.
En 1860, une médaille d'argent au concours général et national d'agriculture, à Paris.
En 1862, un rappel de médaille au concours agricole de Sens (Yonne).
En 1867, une médaille de bronze à l'Exposition universelle de Paris. (Classe 44. — Produits chimiques et pharmaceutiques.)

Nota. — Le présent traité est la reproduction de la notice remise au Jury des récompenses de la classe 44, à l'Exposition universelle de 1867, à Paris.

Imp. L. Toinon et Ce, à Saint-Germain.

LA

MENTHE POIVRÉE

SA CULTURE EN FRANCE

SES PRODUITS

FALSIFICATIONS DE L'ESSENCE

ET MOYENS DE LES RECONNAITRE

PAR

M. L. ROZE

ANCIEN ÉLÈVE DE L'ÉCOLE POLYTECHNIQUE

PARIS

J. B. BAILLIÈRE ET FILS

LIBRAIRES DE L'ACADÉMIE IMPÉRIALE DE MÉDECINE

Rue Hautefeuille, 19, près le boulevard Saint-Germain.

1868

LA MENTHE POIVRÉE

OBSERVATIONS PRÉLIMINAIRES

La menthe et ses produits n'occupent qu'une modeste place dans l'ensemble des industries et du commerce français, et le tribut que nous payons à l'étranger sous ce rapport est relativement assez léger. Cependant, la valeur de l'essence de menthe importée annuellement d'Angleterre et d'Amérique en France peut être estimée sans exagération à plusieurs millions. Il ne serait donc pas absolument sans intérêt, à ce point de vue, de nous affranchir de l'espèce de monopole dont l'Angleterre est en possession, pour cette industrie spéciale, et que ne motive point, suivant nous, une supériorité réelle de l'essence anglaise sur celle de notre propre pays. Nous essaierons de prouver que nous pouvons rivaliser sous ce rapport avec nos voisins, et nous osons croire que la qualité de nos propres produits justifie cette prétention.

L'extension de la culture de la menthe en France présenterait un autre avantage, celui de fournir un moyen d'utiliser, plus fructueusement que par les cultures ordinaires, certains sols d'une nature particulière ; elle permettrait de varier les assolements et contribuerait au développement de l'agriculture industrielle dont l'état d'avancement laisse encore tant à désirer. Enfin, en rapprochant les lieux de production de l'essence des centres de consommation, on pourrait sans doute créer des obstacles aux falsifications trop nombreuses dont cette essence est l'objet, ainsi que nous l'expliquerons ci-après ; expulser peut-être du marché celle qui ne serait pas pure et, par cela même, donner une nouvelle impulsion à la culture dont il s'agit.

Qu'on nous permette, avant d'entrer en matière, d'expliquer par quelques mots comment, étant resté étranger toute notre vie à l'industrie et au commerce, nous avons été conduit à nous occuper de la culture et de la distillation de la menthe.

Il existe à Sens (Yonne), au confluent de l'Yonne et de la Vanne, d'assez vastes terrains nommés *courtils*, consacrés de temps immémorial à la culture maraîchère. Ces terrains, riches en humus, légers, noirs et même un peu tourbeux, sont maintenus frais et humides par des infiltrations des eaux de la Vanne à travers le sous-sol. Les *courtillers* (propriétaires ou fermiers de ces terres) ont eu longtemps le monopole, pour ainsi dire, de la production et de la vente des légumes à Sens et dans un rayon assez étendu autour de cette ville. Ces terrains avaient acquis une grande valeur (6 à 8,000 fr. l'hectare). Diverses circonstances locales, qu'il est inutile de mentionner ici, en ont occasionné depuis quinze ans la dépréciation dans une forte mesure. Propriétaire de plusieurs hectares de ces terrains, nous avons pensé qu'il ne serait pas impossible d'en relever le prix au niveau que leur richesse exceptionnelle doit leur faire atteindre, en substituant à la culture maraîchère des cultures industrielles, et nous avons fait choix de la *menthe*, en raison de l'analogie qui paraît exister entre la nature de notre sol et celle des terrains où on la cultive en Angleterre, principalement à Mitcham, dans le comté de Surrey.

Choix de la plante

Toutes les variétés de menthe, baume commun des champs, menthe pouliot, menthe verte, menthe citronnée, menthe aquatique, menthe poivrée ou anglaise, etc., fournissent des huiles odorantes à la distillation. La menthe poivrée est celle dont l'essence est à la fois la plus abondante, la plus parfumée, la plus agréable au goût ; elle possède, par excellence, une qualité très-recherchée par les consommateurs, mais assez difficile à définir et qu'on nomme *du montant*. C'est la variété cultivée le plus généralement pour la distillation et c'est celle que nous avons nous-même adoptée. Ses caractères botaniques la font distinguer facilement de ses congénères, sauf peut-être de la menthe verte, dont, pour le dire en passant, on doit détruire avec soin les pieds qui pourraient exister dans la plantation, car elle ne tarderait pas à envahir entièrement le terrain aux dépens de la menthe poivrée.

Choix du terrain et du climat

Tous les terrains doués d'une fertilité ordinaire sont propres à la culture de la menthe. Mais elle se plaît particulièrement dans les terres profondes, légères, humides et même un peu marécageuses, en un mot dans les terrains qui conviennent au jardinage. C'est précisément dans ces conditions que nous nous trouvons.

Sur un sol moins riche et surtout moins frais,

la plante végète avec moins de vigueur, s'élève moins haut ; ses feuilles sont plus rares et plus petites. Mais, pour le même poids de plante, la quantité d'essence fournie par la distillation est plus considérable. Néanmoins, dans ce cas, le produit en essence n'augmente pas dans une proportion suffisante pour compenser la perte résultant du moindre poids de la plante récoltée. Il sera donc toujours avantageux de choisir, pour la culture, le terrain le plus favorable à la végétation de la plante

Il resterait à savoir si, comme quelques personnes le prétendent, l'essence provenant de la menthe cultivée sur un terrain un peu aride n'aurait pas un arome plus fin et une saveur plus piquante que celle que fournit un sol plus riche. L'analyse chimique n'a fait découvrir aucune différence dans leur composition élémentaire. Quant à l'appréciation par l'odorat et le goût, on ne saurait, vu les nombreuses causes d'erreur qui peuvent en altérer la justesse, en accepter les résultats qu'autant qu'on ferait, dans ce but spécial, des essais comparatifs convenablement dirigés. Jusque-là la question reste au moins douteuse.

Les plantes qui croissent dans le Midi sont plus chargées d'huiles volatiles que celles des climats froids ou tempérés ; mais celles qu'elles fournissent passent pour être d'une qualité inférieure. Ce fait semble surtout parfaitement établi en ce qui concerne les labiées. C'est en partie à cette circonstance que l'essence anglaise doit sa réputation. Mais on peut trouver au centre ou au nord de la France des climats aussi convenables que celui de l'Angleterre pour la culture de la menthe, et nous pensons être précisément dans ce cas.

Quoi qu'il en soit de l'influence des climats sur la qualité de l'essence, ce qui est hors de doute c'est qu'un climat tempéré, ou, comme on l'a dit ci-dessus, un sol fertile fourniront toujours, pour une surface déterminée de terrain, une quantité d'huile essentielle plus considérable qu'on ne l'obtiendrait dans le Midi ou sur un sol aride, en raison de la plus grande vigueur de la végétation.

Culture

Le terrain doit recevoir une façon à la bêche sur 0m,20 à 0m,25 de profondeur. La plantation a lieu du 20 avril au 15 mai, suivant l'état d'avancement de la saison. La menthe trace beaucoup; elle projette en tous sens une énorme quantité de filets ou drageons, présentant, à des intervalles très-rapprochés, des nœuds qui prennent racine et produisent chacun une nouvelle tige. Ce sont ces rejetons qu'on arrache au printemps lorsqu'ils atteignent un ou deux centimètres de hauteur et que l'on plante sur le nouveau terrain en se servant du plantoir. Les pieds sont espacés de 0m,30 en tous sens. Si le sol n'est pas très-humide ou le temps pluvieux, on doit arroser les plants au moins une fois. Jusque vers le milieu de juillet, époque ordinaire de la première récolte, la plantation ne réclame généralement qu'un ou deux binages. La plante ne présente alors qu'une tige plus ou moins haute garnie de quelques rameaux. C'est après cette première coupe que de chaque pied partent les drageons dont nous avons parlé. A l'automne ils recouvrent presque entièrement le sol et ont pris racine en partie. Souvent même, si la saison est favorable, de nouvelles tiges se sont élevées qui fournissent une espèce de regain qu'on doit récolter avant les premiers brouillards. Mais, en somme, les deux récoltes de la première année sont peu abondantes. De juillet à novembre un ou deux sarclages sont nécessaires. Avant l'hiver, pour garantir la plante des effets de la gelée et aussi pour en activer la végétation pendant l'année suivante, on la couvre d'une légère couche de paille sur laquelle on étend un peu de terre ou de fumier. Nous nous servons avantageusement pour cet objet des boues de la ville.

La seconde année, la menthe a complétement recouvert le sol ; elle pousse avec une extrême vigueur et atteint la hauteur de $0^{m},70$ et plus. Plusieurs fois, sur notre terrain, la végétation en a été tellement exubérante que la plante a versé comme un champ de blé. Il suffit généralement de sarcler deux fois pendant la deuxième année. On coupe la plante en juillet pour la livrer à la distillation et on fait une deuxième récolte, mais peu importante, en automne. On prend pour l'hiver les dispositions déjà indiquées.

La végétation se ralentit la troisième année. A ce moment, et la quatrième année surtout, le sol est recouvert d'un inextricable amas de drageons et de racines, entrelacés dans tous les sens, qui étouffent les anciens pieds et se nuisent réciproquement. La plante ne végète plus que difficilement, et dégénérerait si on la conservait plus longtemps. La durée d'une plantation dépend de la nature du terrain. Sur le nôtre, le renouvellement doit avoir lieu tous les quatre ou cinq ans.

Produit en plante fraiche

Le produit de chaque récolte en plante fraîche a été pesé avec soin pendant une période de six ans, de 1856 à 1861, pour une plantation d'une superficie moyenne de 31 ares, composée de plusieurs parties d'âges différents compris entre un et quatre ans. On a obtenu un poids total de 26,639 kil., ce qui donne, par are et par année, 145 kil. en nombre rond. Ce rendement aurait été sensiblement plus élevé si les gelées fortes et prolongées de l'hiver de 1860 à 1861 n'avaient détruit, faute de précautions suffisantes, une partie de la plantation et endommagé le reste. On sera encore au-dessous de la vérité en portant à 155 kil. le produit annuel moyen d'un are dans le terrain particulier que nous avons consacré à cette culture.

Distillation

Cette opération soulève diverses questions qu'il convient d'examiner successivement.

A quel moment la plante doit-elle être distillée? De l'avis presque unanime des personnes compétentes, l'époque la plus favorable est celle où les fleurs s'épanouissent. Après la floraison la plante donne peut-être plus de produit : mais l'essence paraît avoir perdu de ses qualités, ce qu'on attribue à un changement dans les proportions relatives de la substance liquide (*le menthène*) et de l'espèce de résine ou camphre dont le mélange constitue l'huile essentielle de menthe.

La floraison dure un mois environ. L'atelier doit donc être organisé de façon à ce que la distillation, si elle a lieu à l'état frais, soit terminée dans le même laps de temps.

La plante doit-elle être distillée à l'état frais ou sec? En Angleterre la menthe est généralement distillée à l'état frais. Toutefois on en fait de petits tas qu'on laisse dans les champs pendant quelques jours avant de les emporter pour la distillation. Cette pratique exige beaucoup de précautions, car la menthe coupée s'échauffe très-vite, et si un léger commencement de fermentation est de nature peut-être à augmenter la quantité et même la qualité de l'essence, un excès d'échauffement la détruirait complétement.

En France on est loin d'être d'accord sur les résultats comparatifs de la distillation de la plante à l'état frais ou sec. Soubeiran ne se prononce pas d'une manière précise sur cette question. Quelques praticiens habiles, au nombre desquels nous citerons M. Hauchecorne, pharmacien, inventeur du réactif pour l'essai des huiles fixes; M. Ortlieb, pharmacien, font sécher la menthe complétement ou aux trois quarts, mais généralement on la distille fraîche.

MM. Barreswil et Aimé Girard (*Dictionnaire de chimie industrielle*) émettent l'opinion que les plantes fraîches fournissent une essence d'une odeur plus agréable et en plus grande abondance que les plantes sèches.

Pour nous, il n'est pas douteux que la plante desséchée ne donne au contraire un produit plus abondant et d'une odeur plus suave. En 1858, dans une expérience directe faite sur une grande échelle, en employant dans les deux cas la plante coupée le même jour, sur le même point et dans les mêmes conditions de végétation et d'inflorescence, nous avons obtenu la même quantité d'essence, 1 kil., d'une part, avec 592 kil. de plante fraîche et, d'autre part, avec 518 kil. de plante sèche (*pesée fraîche*), ce qui établit une augmentation de 7 p. 100 en faveur de ce dernier mode de distillation. Le produit n'était pas d'ailleurs affecté, au même degré que l'essence provenant de la plante fraîche, de cette odeur particulière appelée *goût de vert* ou *goût de feu* que les huiles essentielles ont toujours en sortant de l'alambic.

Cette augmentation de produit peut être attribuée à l'une ou à l'autre des deux causes ci-après indiquées, si ce n'est à toutes deux. Il est probable que pendant la dessiccation il s'opère dans les matériaux de la plante une espèce de fermentation ou de réaction qui en complète, pour ainsi dire, la maturité, ainsi qu'il arrive pour certains fruits qui n'atteignent leur plus haut degré de saveur et d'arome que lorsqu'ils ont été gardés pendant un temps plus ou moins long après qu'ils ont été cueillis. En second lieu, on a cru remarquer que les petites outres qui renferment l'huile essentielle des labiées sont si bien protégées par la chlorophylle à l'état frais qu'il est très-difficile d'en soutirer le contenu, tandis que lorsque la plante a été desséchée, l'essence y est retenue moins énergiquement. Conséquemment, dans le premier cas, l'ébullition doit être prolongée plus longtemps et le produit prend une odeur de feuille verte désagréable. C'est cette circonstance qui explique pourquoi l'essence provenant de la plante sèche, exposée moins longtemps à l'action de la chaleur, conserve mieux l'arome naturel de la menthe que celle que fournit la plante fraîche.

Doit-on conclure de ces observations qu'il faille adopter exclusivement le mode de distillation à l'état sec? S'il s'agissait de recueillir une faible quantité d'essence destinée à être employée immédiatement et à un usage délicat, nous n'hésiterions pas à le conseiller. Mais ce procédé ne serait pas économique pour la fabrication en grand, attendu que l'augmentation de produit et de qualité ne compenserait pas l'accroissement de frais de main-d'œuvre et la dépense que nécessiterait l'établissement de séchoirs fermés. Nous concluons donc à l'emploi de la plante fraîche et nous indiquerons les soins à prendre pour que l'essence qui en provient se ressente peu ou point, sous le rapport de la qualité, de l'infériorité de ce procédé comparativement au mode de distillation à l'état sec.

Doit-on distiller tout ou partie seulement de la plante ? Il est incontestable que les feuilles et les sommités distillées, à l'exclusion des tiges, donnent un produit plus fin que la plante prise en masse. Mais, d'une part, comme les tiges contiennent elles-mêmes une petite quantité d'essence, en les laissant de côté on perdrait une partie du produit. D'autre part, ce procédé exige plus de main-d'œuvre et, en somme, ses avantages ne seraient point proportionnés à l'excédant de dépense qu'il occasionnerait. En Angleterre on distille la plante entière.

La plante doit-elle être placée dans l'alambic entière ou incisée par petits tronçons ? Le second de ces deux procédés a cet avantage que l'alambic contient un poids de plante plus considérable; mais il présente l'inconvénient d'exiger un surcroît de main-d'œuvre. D'ailleurs, dans les deux systèmes, la quantité et la qualité du produit paraissent être les mêmes ; on peut donc adopter indifféremment l'un ou l'autre. Les fabricants anglais ne tronçonnent point la plante.

La distillation doit-elle être faite à feu nu ou à la vapeur? Cette question est fort controversée. Soubeiran s'exprime ainsi : « On a mal déterminé » encore les avantages et les inconvénients de la » distillation à la vapeur pour la préparation » des huiles essentielles. Je tiens de Méro qu'il » s'en est servi avec avantage pour la préparation de plusieurs essences. Cependant, suivant » Cadet de Gassicourt, l'huile de menthe obtenue ainsi serait inférieure à l'huile de menthe préparée par l'ébullition de la plante. Méro » a obtenu un résultat contraire. »

Le *Traité des odeurs, des parfums et cosmétiques*[1] fournit à ce sujet les indications suivantes :

« Les feuilles de menthe desséchées rendent » à la distillation à feu nu une plus grande quantité d'huile que par la distillation à la vapeur.

» L'essence obtenue par la distillation à la vapeur, est spécifiquement plus légère et d'une

1. Piesse, chimiste parfumeur à Londres (ouvrage traduit en 1865, par O. Reveil, professeur agrégé à l'école de pharmacie et à la faculté de médecine). Paris, 1865.

» couleur plus transparente que celle qui a été » distillée à feu nu.

» Fraîche, la menthe donne une égale quan- » tité d'essence par l'un et l'autre procédés. »

Les traités de chimie industrielle ne mentionnent généralement que la distillation à feu nu pour la préparation des essences.

Le distillation à la vapeur est assez fréquemment employée en Angleterre ; c'est le contraire en France.

Ces indications et ces faits sont contradictoires et manquent de précision : la question reste à étudier.

Suivant nous, la distillation à la vapeur donne un produit moins coloré, plus fin d'arome et de goût au sortir de l'appareil. Mais, ainsi que nous l'avons dit, la plante se laisse difficilement dépouiller de l'essence qu'elle contient. L'ébullition à feu nu peut seule donner le moyen de l'en extraire complétement, à moins que l'opération, avec l'appareil à vapeur, ne soit prolongée bien plus longtemps. Il y a donc, dans ce dernier système, perte d'une partie du produit ou augmentation de dépense. Les avantages de la distillation à la vapeur ne sont pas tels qu'ils doivent être achetés au prix de ces inconvénients. D'ailleurs, moyennant les précautions et les soins que nous indiquerons, l'essence recueillie à feu nu peut avoir toutes les qualités désirables. Nous n'hésitons donc pas à recommander ce mode d'opérer pour la fabrication industrielle.

Il nous reste à faire connaître la manière dont nous procédons à la distillation.

Notre appareil n'est autre que l'alambic ordinaire, généralement en usage pour l'extraction de l'eau-de-vie de marc de raisin. Il a une capacité de 300 litres. La cucurbite est engagée jusqu'aux deux tiers de sa hauteur dans un fourneau en maçonnerie construit de telle sorte que la flamme du foyer ne vienne lécher directement aucun point de sa surface et que, seuls, les produits gazeux, mais non ignés, de la combustion circulent plusieurs fois autour de la chaudière, avant de se rendre dans la cheminée. Cette disposition a pour double objet : 1° d'empêcher la plante de brûler par le contact direct de la flamme avec la mince paroi métallique contre laquelle elle est fortement appuyée et d'éviter par suite la production d'huile empyreumatique ; 2° d'utiliser le plus économiquement possible la chaleur du foyer. Pour mieux garantir encore la plante de la désorganisation que produirait une chaleur trop intense, nous plaçons dans la cucurbite, à $0^m,10$ environ au-dessus du fond, une claire-voie en cuivre sur laquelle repose la menthe en herbe. La disposition des autres parties de l'appareil ne présente rien de particulier. Le produit de la distillation est recueilli au moyen du récipient florentin, placé lui-même dans un contenant de grandes dimensions destiné à recevoir l'eau de menthe qui coule constamment par le siphon pendant tout le temps que l'appareil fonctionne.

La plante coupée à ras du sol est soigneusement purgée des herbes étrangères qui s'y trouvent toujours mêlées, quelque fréquents qu'aient été les sarclages. Les tiges et les feuilles sont introduites et fortement foulées dans l'alambic. On a soin de laisser dans la partie supérieure de la cucurbite un vide de 0m,25 de hauteur environ, pour éviter que le liquide, boursouflé par l'ébullition, se projette en partie dans le chapiteau et de là dans le serpentin, ce qu'en termes du métier on nomme un *coup de feu*. Dans ces conditions notre alambic reçoit de 40 à 50 kil. de plante fraîche, suivant l'état de celle-ci. On verse de l'eau jusqu'à ce que la plante baigne presque complétement en employant d'abord de préférence l'eau de menthe provenant des opérations antérieures. Il est avantageux en effet de se servir, pour distiller, d'eau déjà saturée d'huile essentielle, car elle ne dissout plus aucune portion de celle que contient la nouvelle plante. Mais on ne doit pas se dissimuler que ce procédé, s'il est économique, ne donne peut-être pas un produit égal en qualité à celui qu'on obtient sans avoir recours aux anciennes eaux.

Lorsque la cucurbite est chargée on achève de monter l'appareil et on lute les joints avec soin. Le feu peut être activé au début, mais doit être très-modéré aussitôt que l'ébullition se manifeste. A ce moment, l'eau saturée d'huile essentielle commence à sortir du serpentin, tenant en suspension l'essence libre qui se rassemble dans le col du récipient florentin, tandis que l'eau en excès sort par l'extrémité du bec de cet ustensile. La durée de l'opération dépend de la manière dont le foyer est conduit. On s'aperçoit qu'elle est terminée lorsque le liquide produit ne laisse plus dégager d'huile surnageant à sa surface. Alors on démonte l'appareil ; on enlève la plante qui ne doit plus avoir ni odeur ni saveur de menthe et on procède à une nouvelle opération. Chacune d'elles exige moyennement deux heures et demie ; on peut donc la répéter cinq fois dans une journée de travail de douze heures. Un atelier composé d'un ouvrier fort et intelligent, d'un manœuvre ordinaire et d'une femme plus spécialement chargée de nettoyer la plante peut suffire, si la distillerie est établie sur la plantation même, pour couper la menthe sur pied, la transporter et conduire deux alambics.

L'eau qui reste dans la chaudière après chaque opération finit par prendre une couleur noire très-foncée et une odeur excessivement forte et désagréable qui se communiqueraient à l'essence si l'on n'avait le soin de vider et de laver à fond l'alambic tous les deux ou trois jours.

Les récipients florentins, lorsqu'ils contiennent une suffisante quantité d'huile essentielle, sont transvasés dans un appareil diviseur, tel que celui dont Soubeiran donne la description et dont l'invention et le perfectionnement sont dus à MM. Desmarets et Méro. De cet appareil, lorsqu'on y verse successivement le contenu des récipients, l'eau sort sans cesse par un des deux tubes dont il est pourvu et l'essence s'écoule par l'autre goutte à goutte ou sous forme d'un mince filet liquide, pour être recueillie dans les contenants où elle doit être conservée.

Rendement de la plante

Les données que l'on possède sur la proportion d'essence contenue dans la menthe poivrée sont peu concordantes : elles sont en outre défectueuses parce qu'elles ont été fournies sans qu'on fît connaître en même temps le climat producteur, la nature du sol, la période de développement de la plante, son état frais ou sec, la portion distillée (sommités ou tiges complètes), enfin, le procédé de préparation, toutes circonstances qui ont une plus ou moins grande influence sur le rendement en huile essentielle. Piesse, l'auteur anglais déjà cité, évalue le poids en essence entre 93 gr. 50 et 123 gr. 50 pour 50 kil. de plante fraîche, soit 1 kil. d'essence moyennement pour 460 kil. de plante.

Ce résultat est exagéré et ne peut s'expliquer que par l'usage où l'on est en Angleterre, comme nous l'avons dit, de laisser la plante reposer pendant quelques jours après qu'elle a été coupée, car elle éprouve ainsi un commencement de dessiccation et perd une partie de son poids.

Les constatations que nous avons faites pendant six années consécutives, de 1856 à 1861 et qui ont porté sur 26,639 kil. de plante en fleur, pesée dans les vingt-quatre heures qui ont suivi la récolte et distillée en entier, nous ont donné pour moyenne 1 kil. d'essence pour 609 kil. de plante. Pendant cette période de temps, le poids de menthe, en herbe, nécessaire pour produire 1 kil. d'essence, a varié entre les deux limites extrêmes, fort éloignées l'une de l'autre : 548 kil. et 638 kil., qui correspondent respectivement aux années 1860 et 1859 ; ce qui prouve que les années pluvieuses sont plus favorables à la production de l'essence que les années sèches et chaudes. Ce fait résulte de ce que, en temps humide, les feuilles, partie de la plante qui renferme principalement l'essence, se développent en plus grand nombre et ont plus d'étendue que par les temps secs.

Soins à donner à l'essence après la distillation

Quelque procédé que l'on emploie, quelques soins qu'on prenne dans la distillation, l'essence est toujours affectée, au sortir de l'alambic, d'une odeur et d'un goût particuliers, plus ou moins désagréables, auxquels on a donné le nom de *goût de vert* ou *goût de feu*, qui provient de l'ébullition prolongée des feuilles et des tiges vertes et peut-être aussi d'une faible quantité d'huile empyreumatique, si le feu n'a pas été conduit convenablement. Il serait impossible de la livrer dans cet état au commerce. On doit commencer par la laver en l'agitant avec une grande quantité d'eau fraîche, sans craindre d'ailleurs la perte de l'essence qui se dissout pendant cette manipulation, car cette eau peut servir ensuite à remplir l'alambic. Séparée de nouveau de l'eau comme nous l'avons dit, on la verse dans des contenants en verre, de simples bouteilles, qu'on place dans un lieu froid et obscur, une cave par exemple et qu'on y laisse débouchées pendant plusieurs mois. Cette pratique améliore sensiblement l'arome de l'essence et enlèverait complétement le *goût de vert* si on laissait les contenants dans cet état pendant un temps suffisamment long. L'évaporation n'occasionne point de perte appréciable. Mais l'action de l'air colore et épaissit l'essence en la transformant en matière résineuse. On doit donc n'user, que dans une certaine mesure, de ce moyen de *désinfection,* si l'on peut s'exprimer ainsi.

Lorsqu'on juge que l'essence s'est reposée assez longtemps dans ces conditions, on n'a plus qu'à la filtrer au papier et à l'enfermer dans les contenants en usage dans le commerce.

Quelques praticiens affirment qu'on obtient plus promptement un résultat semblable à celui que produit l'exposition de l'essence à l'air, dans un local obscur et froid, en plongeant pendant quelques heures les contenants, également débouchés, dans un mélange réfrigérant à — 15 ou — 18°.

Mais le moyen, le meilleur incomparablement de tous ceux qu'on peut employer pour améliorer l'essence, consiste simplement à la laisser vieillir. C'est là, nous le croyons, un des *grands secrets* des maisons anglaises dont la réputation est bien établie et dont les produits, vraiment supérieurs, sont cotés à un très-haut prix. L'essence conservée ainsi pendant plusieurs années à l'abri de la lumière prend, il est vrai, un ton plus foncé et s'épaissit un peu : mais elle acquiert un parfum de plus en plus suave. Malheureusement ce moyen, en raison des avances qu'il exige, n'est pas à la portée de tous les fabricants et augmente le prix de revient. Nous ajouterons que, si l'on excepte quelques produits de parfumerie d'une finesse exceptionnelle, les compositions dans lesquelles la menthe entre comme ingrédient n'exigent point une telle délicatesse d'arome qu'on ne puisse se contenter de l'huile essentielle recueillie avec les soins indiqués ci-dessus.

Indépendamment de l'odeur désagréable dont l'essence est affectée au sortir de l'alambic, il arrive quelquefois, après un *coup de feu*, qui a fait passer dans le chapiteau et dans le serpentin une petite portion de l'eau de la cucurbite, que l'huile essentielle prenne une teinte verte très-foncée. Cette couleur accidentelle est enlevée facilement par un filtrage au charbon animal. On jette ensuite les filtres dans l'alambic afin de recueillir l'essence dont le charbon est imprégné.

mes, la quantité et la qualité du produit paraissent être les mêmes ; on peut donc adopter indifféremment l'un ou l'autre. Les fabricants anglais ne tronçonnent point la plante.

La distillation doit-elle être faite à feu nu ou à la vapeur? Cette question est fort controversée. Soubeiran s'exprime ainsi : « On a mal déterminé » encore les avantages et les inconvénients de la » distillation à la vapeur pour la préparation » des huiles essentielles. Je tiens de Méro qu'il » s'en est servi avec avantage pour la préparation de plusieurs essences. Cependant, suivant » Cadet de Gassicourt, l'huile de menthe obtenue ainsi serait inférieure à l'huile de menthe préparée par l'ébullition de la plante. Méro » a obtenu un résultat contraire. »

Le *Traité des odeurs, des parfums et cosmétiques*[1] fournit à ce sujet les indications suivantes :

« Les feuilles de menthe desséchées rendent » à la distillation à feu nu une plus grande quantité d'huile que par la distillation à la vapeur.

» L'essence obtenue par la distillation à la vapeur, est spécifiquement plus légère et d'une

1. Piesse, chimiste parfumeur à Londres (ouvrage traduit en 1865, par O. Reveil, professeur agrégé à l'école de pharmacie et à la faculté de médecine). Paris, 1865.

Quelques chimistes pensent que la couleur de l'essence de menthe ne lui est pas inhérente, et en donnent comme preuve qu'une rectification bien faite la rend incolore. Nous ne partageons pas cet avis. On peut, il est vrai, obtenir par la rectification un liquide presque complétement incolore. Mais pour cela il faut fractionner les produits : les premiers seuls présentent cette absence de coloration. Au fur et à mesure que l'opération se prolonge, les produits se nuancent de plus en plus. Ce fait s'explique en remarquant que l'hydrocarbure, *incolore*, plus volatil et entrant en ébullition à une température moins élevée (163°) que le camphre (213°) passe le premier. Le nouveau produit recueilli diffère donc par sa composition de l'essence naturelle soumise à la rectification. Mais avec le temps le camphre se reforme et l'essence se colore de nouveau. Enfin, si la couleur vert jaunâtre était réellement étrangère à l'huile essentielle, on parviendrait à la lui enlever en filtrant au noir animal, et c'est ce qui n'a pas lieu.

La pesanteur spécifique de l'essence de menthe varie entre 0.90 et 0.93. Celle de l'essence de térébenthine est de 0.87 environ. La différence n'est malheureusement pas assez grande pour donner le moyen de reconnaître les falsifications dont nous parlerons ci-après.

Le pouvoir rotatoire, suivant M. Buignet[1] serait représenté par un chiffre compris entre — 14.30 et — 34.29. Celui de l'essence de térébentine serait de — 43.50. Mais on ne pourrait non plus se fier à ces caractères pour distinguer les essences, car on a remarqué que la rotation de divers échantillons de la même essence varie considérablement. On a même constaté, en ce qui concerne l'essence de térébenthine, qu'elle dévie tantôt à droite, tantôt à gauche, suivant son origine, les rayons de lumière polarisée (*Pelouze et Frémy*).

Ainsi que nous l'avons dit, l'action de l'air colore et épaissit l'essence en la transformant en matière résineuse. La lumière favorise beaucoup cette transformation. On doit donc, et c'est l'usage en Angleterre, conserver l'essence dans des contenants de verre de couleur foncée, ou mieux placer les contenants dans une complète obscurité.

Nous ignorons quel est le degré de congélation de l'essence de menthe. Nous avons tenu la nôtre pendant quatre heures dans un mélange réfrigérant à — 18°. Elle est restée liquide ; seulement il s'y est produit de petits nuages blanchâtres qui résultaient d'un commencement de

1. Buignet. *Journal de Pharmacie et de Chimie*, 3e série. 1861, t. XL, 261-264 et 331.

séparation entre l'hydrocabure et la matière résineuse. Peu à peu ces nuages ont disparu et le camphre s'est dissous de nouveau lorsque l'essence est revenue à la température ordinaire. On peut recueillir la matière résineuse en filtrant aussitôt que le flacon est retiré du mélange réfrigérant.

Convient-il de rectifier l'essence?

Quelques fabricants jugent nécessaire ou convenable de rectifier l'essence afin de la livrer au commerce presque inodore. Cette pratique ne nous semble pas bonne. Sans doute le produit se présente ainsi sous un aspect plus séduisant ; mais sa qualité s'est-elle améliorée? Les observations qui précèdent prouvent d'abord que l'essence rectifiée diffère encore plus de l'essence naturelle, telle que la plante la contient, que l'essence de premier jet. Or, quelque parfaite que soit celle-ci, personne ne soutiendra que le goût et le parfum en soient aussi agréables que ceux de l'essence naturelle proprement dite, avant qu'elle ait subi l'influence de la chaleur, ainsi qu'on peut s'en assurer en mâchant quelques feuilles de la plante. L'action du feu altère toujours plus ou moins sa finesse naturelle ;

moins on s'y soumet et mieux on lui conserve ses qualités. La rectification a cet autre inconvénient de faire perdre au moins $\frac{1}{10}$ du produit, représenté par un résidu sans valeur. Enfin, pour obtenir à la rectification un produit de bonne qualité il faudrait employer l'appareil à vapeur. Dans ce système l'opération demande beaucoup de temps et est fort dispendieuse.

Comparaison des essences de France, d'Angleterre et d'Amérique

La prédilection du public et du commerce pour l'essence de menthe de provenance anglaise est incontestable. Est-elle justifiée? Il nous semble *à priori* que l'essence provenant de la même variété de menthe, distillée avec les mêmes soins, et amenée au même degré de pureté, est un produit *sui generis* toujours presque identique à lui-même, surtout lorsqu'il a été recueilli sous des climats et dans des terrains peu différents les uns des autres. A notre connaissance, l'analyse chimique n'a point constaté de différences de composition entre des essences de menthe d'origines diverses. C'est l'hydrocarbure qui est odorant ; il faudrait donc que, suivant le sol ou le climat, la proportion d'hydrocarbure fût plus ou moins forte et donnât plus ou moins de *montant* à l'essence. L'expérience n'a point été faite, que nous sachions. Resterait cette influence occulte du sol et du climat, comparable à celle qui donne au vin son bouquet, si tant est qu'on puisse comparer cette dernière production d'une composition si complexe avec l'essence de menthe formée de trois éléments simples. Encore faudrait-il constater par des essais comparatifs convenablement dirigés, la réalité de cette prétendue supériorité de l'essence anglaise. L'appréciation qui réside entièrement dans la délicatesse du goût et de l'odorat, peut-elle fournir des conclusions certaines? Qui peut être sûr, en outre, d'avoir à sa disposition de l'essence d'Angleterre authentique, s'il n'a été la recueillir sur place, et, pour ainsi dire, au sortir de l'alambic ? Ne sait-on pas que des maisons anglaises, profitant de l'opinion qui leur est si favorable, n'hésitent pas, lorsque la production du pays est insuffisante ou pour toute autre cause, à faire venir soit d'Amérique, soit de *France* les quantités dont ils ont besoin pour les réexporter sous leur propre marque? Enfin quelle garantie peut-on avoir de la pureté des produits à comparer entre eux si on ne les recueille soi-même, lorsqu'on sait de combien de falsifications et de fraudes l'essence de menthe est l'objet, ainsi que nous le dirons tout à l'heure?

Jusqu'à preuve contraire résultant d'expériences comparatives exécutées dans des conditions qui ne laissent subsister aucun doute, nous croirons donc que la préférence qui existe pour l'essence anglaise tient, d'une part, au fait probable de la préexistence de cette industrie en Angleterre : d'autre part, pour quelques maisons de ce pays, à la loyauté de la fabrication, et peut-être aussi à quelques secrets de manipulation ; à des espèces de tours de main qu'il faut chercher à s'approprier : à l'usage de certains fabricants de laisser vieillir l'essence, ainsi que nous l'avons dit plus haut ; enfin, et surtout à une longue habitude du commerce et du public, et à cet esprit de routine dont il est si difficile de triompher.

Terminons cette discussion en relatant un témoignage qui n'est pas suspect, puisqu'il nous vient d'un savant professeur de l'École de pharmacie, M. O. Réveil, de regrettable mémoire. A la fin du traité de Piesse, chimiste, parfumeur à Londres, ouvrage plusieurs fois cité, se trouve un tableau de documents commerciaux qui contient textuellement (page 301) ce renseignement :

« Essence de menthe poivrée, 150 fr. à 180 fr.
» le kilogramme, celle anglaise; 40 fr. à 50 fr.

» celle d'Amérique, moins estimée ; *celle de France* » *bien soignée, vaut celle d'Angleterre.* »

Quant à l'essence d'Amérique, on peut dire qu'elle occupe aussi incontestablement le dernier rang dans l'opinion du commerce que l'essence anglaise le premier, mais avec plus de fondement. Cette infériorité bien constatée tient à diverses causes : à une culture négligée qui n'exclut des plantations ni les variétés de menthe inférieures, ni les herbes étrangères ; au peu de soin apporté à la distillation à laquelle la plante est soumise sans triage préalable ; enfin à des habitudes de falsification peut-être plus générales dans ce pays que dans les autres.

Falsifications. Moyens de les reconnaître

L'essence de menthe, en raison de son prix élevé, est une de celles qui sont le plus fréquemment falsifiées par addition de substances d'une moindre valeur vénale. On se sert d'alcool, d'huiles fixes et surtout d'essence de térébenthine pour en augmenter le volume ; d'huile essentielle de moutarde ou de gingembre pour lui donner cette saveur styptique, âcre et brûlante qui plaît tant à certains consommateurs. Les habiles savent très-bien qu'en distillant plusieurs fois de la térébenthine sur une plante à essence elle perd une partie de son odeur spéciale pour laisser prédominer celle de la plante. C'est ainsi qu'ils opèrent en se servant, par surcroît de précautions, de térébenthine rectifiée préalablement sur de la brique pilée. Les ignorants ou les moins scrupuleux mélangent les deux essences sans plus d'artifice. D'autres font un mélange d'essence d'Amérique à très-bas prix et d'essences anglaise ou française. Parmi ceux qui emploient les essences, pharmaciens, droguistes, parfumeurs, etc., plusieurs, il faut l'avouer, sont au courant de ces déplorables manœuvres et préfèrent se servir de produits ainsi adultérés que de chercher à se procurer, mais à un prix plus élevé, des produits naturels. Ces pratiques déloyales sont entrées dans leurs habitudes commerciales et leur semblent légitimes. N'a-t-on pas lu il y a peu d'années, dans les journaux, le récit d'un grave accident arrivé dans une fabrique de parfumerie d'une ville du Midi que nous ne nommerons pas, pendant que le chef de la maison, dit-on naïvement, opérait *son mélange d'essences de menthe et de térébenthine?*

D'autres industriels ou commerçants, pleins de confiance dans leurs fournisseurs, et dépourvus d'ailleurs de moyens sûrs de reconnaître les fraudes, se croient à peu près certains de l'authenticité de la provenance et de la pureté de l'essence dont ils font emploi. Cependant, après un certain laps de temps, l'odeur caractéristique de la térébenthine reparaît dans ces mélanges et finit par prédominer. Eh bien! ce phénomène n'ébranle pas toujours la confiance de l'acheteur, car un pharmacien nous en a donné à nous-même cette explication : que *l'essence de menthe se transforme spontanément, en vieillissant, en essence de térébenthine.*

Enfin, il est des commerçants ou industriels, mais en trop petit nombre, qui attachent une extrême importance à la qualité des essences et ne reculent, pour se les procurer pures, ni devant le haut prix qu'on en exige, ni devant des recherches consciencieuses. Parmi ceux-là il en est qui les fabriquent eux-mêmes lorsqu'ils n'en emploient qu'une faible quantité. S'ils en consomment beaucoup, force leur est de s'adresser au commerce. Mais ils remontent, s'ils le peuvent, jusqu'au fabricant, au lieu d'accepter des produits qui déjà ont passé par plusieurs mains. Ils font subir à ceux qu'on leur propose toutes les épreuves qui, à leur connaissance, sont propres à révéler les falsifications ; ils s'entourent en un mot de toutes les garanties possibles. Néanmoins ils n'échappent pas toujours à la fraude, parce que, jusqu'à présent, on ne possédait réellement pas un moyen sûr et pratique de la reconnaître, lorsqu'elle résulte de l'addition d'essence de térébenthine, qui est la véritable plaie de ce genre de commerce. Mais un grand progrès a été fait récemment sous ce rapport.

Nous ne nous occuperons ici que des moyens propres à dévoiler le mélange des essences des labiées avec l'alcool, les huiles fixes et la térébenthine, parce que ces divers modes de falsification sont les plus usités et les plus nuisibles. A cet égard, nous ne pouvons mieux faire que de reproduire les indications fournies par MM. Barreswill et Aimé Girard [1].

« La fraude par l'alcool se reconnaît en agitant
» l'essence avec un peu d'acétate de potasse. Ce
» sel, en se dissolvant par l'alcool, l'entraine à la
» partie inférieure du tube et l'essence surnage [2].

» Le mélange avec une huile fixe devient très-
» évident si l'essence laisse sur le papier une
» tache huileuse [3] qui ne disparaît pas par la

1. *Dictionnaire de chimie industrielle*. (Pages 333 et 334.)

2 Un procédé plus simple consiste à verser une portion de l'essence à essayer dans une éprouvette graduée ; on prend note de la hauteur et on verse environ la même quantité d'eau. Si l'essence contient de l'alcool, l'eau s'en empare et on constate que la hauteur de la colonne d'essence a diminué.

3. Il convient d'ajouter : et *transparente*, car si le papier renferme la moindre trace de colle, celle-ci se dissolvant dans l'essence formerait une tache ou un cerne, même avec une huile essentielle parfaitement pure.

» chaleur et par l'agitation dans l'air. L'alcool à » 40° ne dissout pas les huiles fixes ; lorsqu'on » l'agite avec un dixième de son poids d'une es- » sence huileuse, le corps gras trouble l'alcool et » finit par s'en séparer, tandis que l'essence forme » une dissolution limpide.

» Aucun des procédés cités par les auteurs » pour mettre en évidence l'essence de térében- » thine ne donne des résultats satisfaisants, y » compris celui par l'huile d'œillette ; nous nous » abstenons de les mentionner : ils ne peuvent » faire naître que des erreurs [1].

» On peut bien, à l'aide de l'odorat, reconnaî- » tre jusqu'à un certain point ces mélanges d'es- » sences en mettant à profit leur différence de vo- » latilité. Ainsi, on fait tomber quelques gouttes » de l'essence suspecte sur du papier : on l'agite » dans l'air et, en flairant le papier à diverses re- » prises, on saisit dans les intervalles les odeurs » étrangères à l'essence principale. Ce procédé » qui réside entièrement dans la délicatesse du

1. On a aussi préconisé l'emploi d'un morceau de sous-acétate de cuivre cristallisé (verdet) qui, dit-on, plongé dans l'essence mise à l'essai, la troublerait si elle est mélangée de térébenthine et la laisserait limpide si elle est pure. Ce procédé est défectueux comme le précédent.

Il en est de même d'un autre moyen qui repose sur la différence de solubilité dans l'alcool des essences de labiées et de l'essence de térébenthine.

» sens olfactif, n'a rien de certain dans la con-
» clusion qu'on en tire. On trouve des indices
» beaucoup plus certains dans une expérience
» très-simple fondée sur l'hydratation de l'es-
» sence de térébenthine par l'action de l'air hu-
» mide. Si l'on souffle avec la bouche dans un
» flacon d'essence de térébenthine, rempli aux
» trois quarts, assez doucement pour ne pas agi-
» ter le liquide, il se condense un peu d'humidité
» sur l'essence et on voit se former des stries
» blanches, des nuages qui descendent dans le
» liquide. En répétant cette expérience sur de
» l'essence de lavande ou de menthe pure, l'hu-
» midité ne descend pas sous forme de nuages,
» mais comme des gouttelettes en chapelet, tan-
» dis qu'une essence mélangée de térébenthine
» se comporte comme la térébenthine elle-même.
» Les stries nuageuses deviennent d'autant plus
» évidentes que le mélange a été plus fraudu-
» leux. Ce phénomène se produit avec 5 p. 100
» d'essence de térébenthine, et il y a très-peu
» d'essences dans le commerce qui résistent à
» cette épreuve. »

Nous avons expérimenté plusieurs fois ce dernier procédé et nous le croyons infaillible; il exige quelque habitude: mais on l'acquiert très-promptement. Pour en faciliter la pratique il est bon que le liquide soit à une température plus basse que celle de la vapeur produite par insufflation et, à cet effet, on doit tenir le flacon dans l'eau fraîche pendant quelque temps avant l'expérience. Enfin, nous avons facilité encore ces essais en nous servant, au lieu de la bouche, d'un appareil, qui n'est autre que l'éolypile un peu modifié, avec lequel on peut projeter sur la surface de l'essence un mince filet de vapeur. Le phénomène se produit instantanément.

Voilà, nous le répétons, un mode d'essai certain, pratique et à la portée de tous : tel enfin que les acheteurs d'essences de labiées ne devront plus être que bénévolement victimes de la fraude.

La pureté de l'essence une fois constatée, il ne s'agit plus que d'en apprécier la qualité. Pour cela, il ne faut pas s'en rapporter uniquement aux indications que fournit l'odorat, comme le font beaucoup de personnes. On doit la déguster sur du sucre et même l'essayer dans quelque préparation spéciale.

Vente des produits : prix courants.

La vente de l'essence de menthe présente deux difficultés très-sérieuses : la prédilection du public pour l'essence anglaise ; la déconsidération du commerce des essences en général.

Le temps, la persévérance, une absolue loyauté et une fabrication très-soignée pourront seuls vaincre le premier obstacle, si, comme nous l'avons soutenu, la préférence pour le produit anglais n'est pas justifiée par une réelle supériorité. Ce qu'il faut surtout c'est qu'on cesse en France, par une fâcheuse concession au préjugé existant, de placer l'essence française sous une marque étrangère, comme il n'y en a que trop d'exemples.

Quant aux légitimes défiances qu'excitent toujours les offres de vente de produits *presque toujours* falsifiés, le seul moyen de les faire cesser c'est de ne livrer jamais que des essences parfaitement pures et recueillies avec tous les soins possibles, et de provoquer des vérifications minutieuses et sévères de la part des acheteurs. Les moyens de s'assurer de la pureté des essences de labiées existent, on vient de le prouver ; il faut en répandre la connaissance, et ceux qui dorénavant seront encore dupes des trop nombreux colporteurs de produits adultérés ne pourront s'en prendre qu'à eux-mêmes.

Le prix en gros de l'essence de menthe varie de 40 à 160 fr. le kilogramme. Celle qui vient d'Amérique se vend au plus 50 fr. Certaines maisons anglaises très-connues parviennent à placer la leur à 160 fr. Les fabricants français obtiennent difficilement un prix supérieur à 90 fr. Sur les prix courants du commerce la bonne essence est cotée 120 fr. Presque toute la nôtre a été vendue 110 à 120 fr. On en a même obtenu 200 fr. mais par faibles quantités. Enfin les maisons de détail ne débitent pas l'essence à moins de 250 fr. et elle est rarement pure.

Si la fabrication loyale parvient à évincer le commerce frauduleux qui lui fait concurrence et occasionne la dépréciation du produit, on peut affirmer que le prix de l'essence de menthe française atteindra le chiffre de 120 fr. au moins.

Rendement de la fabrication

Les données que nous avons recueillies pendant dix années, de 1857 à 1866, pour une plantation de 31 ares de superficie moyenne divisée en parties d'âges divers, nous permettent d'établir ainsi qu'il suit le calcul du rendement, par are et par année, de ce genre de culture sur notre terrain.

Frais de premier établissement, intérêts et amortissement à 10 p. 100	3	»
Loyer du terrain	2	»
A reporter.	5	»

Report.	5 »
Frais de culture.	7 »
Frais de distillation, entretien du matériel.	7 50
	19 50

D'après les indications qui précèdent, le poids moyen de la récolte en plante fraîche est de 155 kilogrammes qui, à raison de 1 kilogramme d'essence pour 609 kilogrammes de plante, fournissent 255 grammes d'essence. Si on la cote à 100 fr. seulement, le produit brut est de. 25 50

et le produit net de. . . . . 6 »

soit de 660 fr. par an et par hectare. Ce résultat, qu'on doit considérer comme un minimum, montre jusqu'à quel point cette industrie pourrait être avantageuse, si elle était exercée sur une grande échelle.

Eau de menthe

Indépendamment de l'essence de menthe on peut recueillir, pendant la distillation, de l'eau aromatisée, si on ne préfère remettre toujours dans l'alambic l'eau qui provient des opérations précédentes. Cette pratique évite des pertes d'essence; mais le produit obtenu en se servant toujours de nouvelle eau est plus fin. Il est d'ailleurs un autre moyen de reprendre l'essence contenue dans les eaux de distillation : il consiste à les saturer de sel marin ; l'essence vient nager à la surface.

Quoi qu'il en soit, si l'on veut conserver une certaine quantité d'eau de menthe, il convient de recueillir seulement celle qui provient des opérations faites dans le premier jour qui suit celui du nettoyage à fond de l'appareil.

Usages de l'essence et de l'eau de menthe

L'essence de menthe est employée par les pharmaciens, les parfumeurs, les confiseurs, etc. C'est surtout dans la confection des eaux dentifrices qu'on en fait la plus grande consommation. L'eau de menthe sert surtout dans la pharmacie.

Il ne nous appartient pas d'entrer dans le détail de ces divers usages : nous nous bornerons à signaler l'utilité de l'emploi de l'eau de menthe dans certaines circonstances.

Depuis dix ans que nous avons fondé cette fabrication à Sens, l'habitude s'est établie peu à peu, dans la classe ouvrière principalement, d'user de l'eau de menthe comme d'une boisson apéritive et digestive et aussi comme d'un médicament contre les affections intestinales qui, dans cette localité, prennent quelquefois en automne un caractère épidémique. On l'emploie à faible dose, mêlée à l'eau sucrée. Journellement quelques personnes viennent chercher de cette eau qui leur est débitée au prix modique de 0 fr. 50 le litre. L'usage s'en répand de plus en plus. On a constaté aussi ses bons effets contre les maladies que contractent pendant les grandes chaleurs les ouvriers des campagnes, les moissonneurs principalement, par l'usage immodéré de l'eau pure. Il est certain que lorsque ces travailleurs sont réduits à cette seule boisson, l'addition d'eau de menthe dans la proportion de $\frac{1}{3}$ environ, la rendrait non-seulement inoffensive, mais encore salutaire et agréable à la fois. L'expérience en a été faite dans une localité de la Bourgogne avec un succès complet. Il serait utile de propager dans les exploitations agricoles l'emploi de ce moyen économique de préserver les ouvriers des campagnes d'accidents susceptibles de dégénérer en maladies graves

FIN

TABLE

Imp. L. Toinon et Cᵉ, à Saint-Germain.

† **CODEX MEDICAMENTARIUS.** Pharmacopée française, rédigée p ordre du gouvernement, la commission de rédaction etant composée professeurs de la Faculté de médecine et de l'École supérieure de pha macie de Paris, de membres de l'Académie impériale de médecine et la Société de pharmacie de Paris. Paris, 1866, 1 volume grand in- XLVIII-784 pages, cartonné à l'anglaise . . . . 9 fr.
Franco par la poste . . . . 11 fr.
Le même, interfolié de papier réglé et relié en maroquin. 16 fr.

Le nouveau Codex medicamentarius, Pharmacopée française, éditio de 1866, sera et demeure obligatoire pour les pharmaciens à partir d 1er janvier 1867. (*Decret impérial du 5 décembre 1866.*)

DUCHARTRE. Eléments de botanique comprenant l'anatomie, l'organographie, la physiologie des plantes, les familles naturelles et la géographie botanique, par P. DUCHARTRE, membre de l'Institut (Académie des sciences), professeur à la Faculté des sciences de Paris. Paris 1867, 1 vol. in-8 de 118 pages, avec 510 figures. . . . . . 18 fr.

MOQUIN-TANDON. Eléments de botanique médicale, contenant la description des végétaux utiles à la médecine et des espèces nuisibles à l'homme, vénéneuses ou parasites, précédés de considérations sur l'organisation et la classification des végétaux. 2e *édition*. Paris, 1865, 1 vol. in-18 jésus, avec 128 fig. . . . . 6 fr.

MOQUIN-TANDON. Éléments de Zoologie médicale, contenant la description des animaux utiles à la médecine et des espèces nuisibles à l'homme, venimeuses ou parasites, précédés de considérations sur l'organisation et la classification des animaux et d'un résumé sur l'histoire naturelle de l'homme. *Deuxième édition*, revue et augmentée Paris, 1862. 1 volume in-18, avec 250 figures. . . . . 6 fr.

PIESSE. Des odeurs, des parfums et des cosmétiques, histoire naturelle, composition chimique, préparations, recettes, industrie, effets physiologiques et hygiène des poudres, vinaigres, dentifrices, pommades, fards, savons, eaux aromatiques, essences, infusions, teintures, alcoolats, sachets, etc., par S. PIESSE, chimiste parfumeur à Londres, édition française publiée avec le consentement et le concours de l'auteur, par O. REVEIL, professeur agrégé à l'École de pharmacie. Paris, 1865 in-18 jésus de 527 pages, avec 86 figures. 7 fr.

POGGIALE. Traité d'analyse chimique par la méthode des volumes, comprenant l'analyse des Gaz, la Chlorométrie, la Sulfhydrométrie, l'Acidimétrie, l'Alcalimétrie, l'Analyse des métaux, la Saccharimétrie, etc. Paris, 1858. 1 vol. in-8 de 610 pages, illustré de 171 fig intercalées dans le texte. . . . . 9 fr.

REVEIL. Formulaire raisonné des Médicaments nouveaux et des médications nouvelles, suivi de notions sur l'aérothérapie l'hydrothérapie, l'électrothérapie, la kinésithérapie, et l'hydrologie médicale. *Deuxième édition*, revue et corrigée. Paris, 1865, 1 vol. in-18 jésus, de XVI-696 pages, avec figures. . . . . 6 fr.

O. REVEIL ET L. PARISEL. Annuaire pharmaceutique, ou Exposé analytique des travaux de Pharmacie, Physique, Histoire naturelle pharmaceutique, Hygiène, Toxicologie et Pharmacie légale, fondé par O. REVEIL et L. PARISEL. Première année. — Paris, 1863, 1 vol. in-18 de 400 pages, 1 fr. 50 — Deuxième année. — Paris, 1854, 1 vol. in-18 avec figures, 1 fr. 50. — Troisième année. — Paris, 1865, 1 vol. in-18, avec figures, 1 fr. 50. — Quatrième année. — Paris, 1866, 1 vol. in-18, 1 fr. 50 — Cinquième année. — Paris, 1867, 1 vol. in-18, avec figures, 1 fr. 50.

VERLOT. Le guide du botaniste herborisant, conseils sur la recolte des plantes, la préparation des herbiers, l'exploration des stations de plantes phanérogames et cryptogames et les herborisations aux environs de Paris, dans les Ardennes, la Bourgogne, la Provence, le Languedoc, les Pyrénées, les Alpes, l'Auvergne, les Vosges, au bord de la Manche, de l'Océan et de la mer Méditerranée, par M. Bernard VERLOT, chef de l'École botanique au Muséum d'histoire naturelle, avec une introduction, par M. Naudin, membre de l'Institut (Académie des sciences). Paris, 1865, in-18 de 600 p., avec fig., cart. 5 fr. 50.

Imprimerie L. Toinon et Cie, à Saint-Germain.

www.ingramcontent.com/pod-product-compliance
Ingram Content Group UK Ltd.
Pitfield, Milton Keynes, MK11 3LW, UK
UKHW021816190726
13853UKWH00003B/1027

9 782329 607979